大脑银行·科学素养

北极有企鹅吗

米家文化 编绘

大有意思啦！

浙江教育出版社·杭州

使用说明

本书适合一至多人游戏。

游戏目的 提高观察力、记忆力和注意力，增长科普知识。

游戏时间 课余10分钟、双休日、节假日。

游戏地点 任何地方。

游戏规则

　　准备好秒表或手机中的计时器等，定时2分钟。一个人看本书的单页，用2分钟时间阅读这一页上的"超级小档案"和图文知识。2分钟时间结束后，第一个人把书交给第二个人，并把书翻到双页。然后，第一个人掷色子，第二个人根据色子点数从"我来考考你"里挑出相应的问题，向第一个人提问。如果第一个人回答正确，则在白纸上记录得5分；如果回答错误，则在白纸上记录扣5分。依次轮流看书、答题，答案就在单页上，所以一定要看仔细哦！一定时间后，当每人答题数相同时，得分最高的人获胜！如果平局，需要每人再选一页，回答所有的问题，答对多的人获胜。游戏结束后，大家可以继续阅读"大脑银行ATM机"，以增加相关的知识。还可以根据知识自行设计问题，相互提问，以拓展大家的知识面。

小档案里的知识点很重要，问题里也会涉及，不要错过哦！

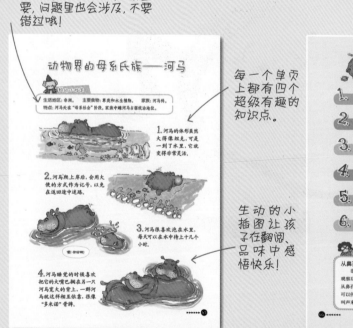

每一个单页上都有四个超级有趣的知识点。

生动的小插图让孩子在翻阅、品味中感悟快乐！

问题的答案都在前面的知识点里。

给你的大脑银行再存点知识吧，这是对前面内容很好的补充呢！

专家推荐

21世纪人才最宝贵的素质是具有创造性思维能力。心理学专家认为，创造力是发散思维与集中思维的有机综合，也是直觉思维与分析思维的有机结合。培养孩子的创造力，要选择正确的教育方法。只有在正确的教育引导下，孩子的创造潜力才能转变为现实的创造力。

过去十年间，孩子们的玩耍时间越来越短，越来越多的家长忙于把孩子的玩耍时间变成学习时间，殊不知这样做可能会影响孩子的终身发展。因为玩耍是大自然赋予孩子的特殊礼物——玩耍能缓解焦虑，还能培养社交能力、解决问题的能力、学习能力，甚至可以提高智商。

自由玩耍需要丰富的想象力。没有想象力的孩子不可能把一张纸片在手上把玩、折叠多时；没有想象力的孩子也不可能在短短1小时内一会儿变身坐诊的医生，一会儿变身拎着公文包上班的家庭"顶梁柱"，一会儿变身小狗汪汪叫，一会儿变身大象或者是一头怪兽……

游戏是孩子生活的重要组成部分。每个孩子在游戏中都能表现其创造力。好奇、好问是孩子的天性，是孩子探求未知、开启智慧、认识世界的内生动力，是探索和创造的源泉。正如著名教育学家陶行知先生所说："儿童只有言论自由，特别是问的自由，才能充分发挥其创造力。发明千千万万，在于一个问。"孩子的发问千奇百怪，这正是他们创造潜力的发挥。孩子究竟如何从这些看似毫无意义的活动中获益呢？在玩耍中，孩子逐渐知道哪些东西是大家可以接受的，哪些是无法接受的。"玩耍就像个万花筒"，具有随机性和创造性。从根本上说，玩耍能提升孩子的灵活性和创造性，当他们遇到意外情况或处于新环境时，将更具竞争优势。

《大脑银行·科学素养》丛书包含5个分册，分别为《北极有企鹅吗》《是谁发明了橡皮》《宇宙有尽头吗》《打哈欠会传染吗》《迅猛龙全身长羽毛吗》。这套丛书以激发孩子的创造力为主旨，通过孩子感兴趣的游戏形式，引导孩子在2分钟内探究他们感兴趣的科学知识，培养孩子的观察力、注意力和记忆力，让他们在游戏的过程中了解最基本的科学常识，提高孩子的科学素养，激发创造潜力，促进创造力的发展，让大脑像银行一样储存智慧。

如果孩子喜欢画画，我们就给他一盒彩笔；如果孩子喜欢跳舞，我们就给他一双舞鞋；如果孩子喜欢自然，我们就给他一片森林；如果孩子喜欢飞翔，我们就给他一片天空；如果孩子要做创造力的主人，那我们就给他一套《大脑银行·科学素养》吧。

清华大学科技传播普及研究中心名誉理事长、教授　　**徐善衍**

目录 Contents

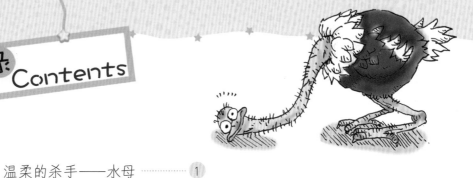

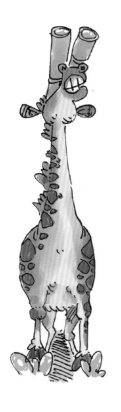

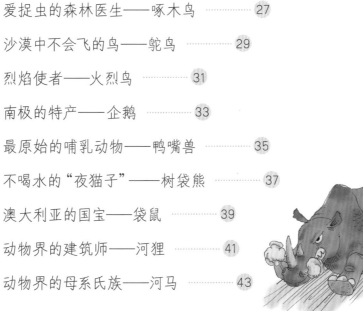

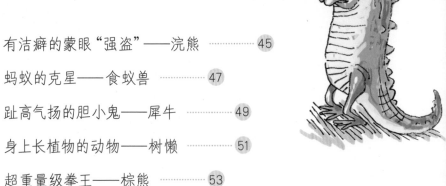

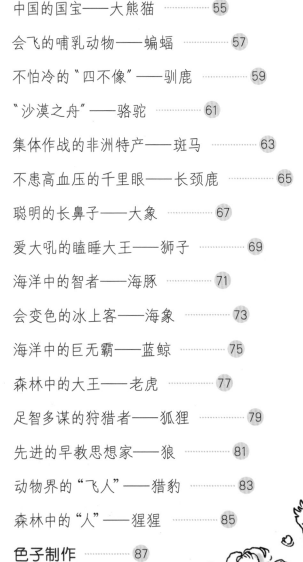

温柔的杀手——水母

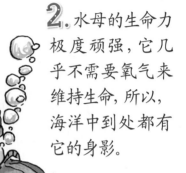

2. 水母的生命力极度顽强,它几乎不需要氧气来维持生命,所以,海洋中到处都有它的身影。

1. 水母从不挑食,无论浮游生物、鱼卵、小鱼,还是大鱼等无一漏网。

3. 水母是个"温柔"的杀手,猎物一旦被其触手刺蜇,会迅速麻痹而死。

别怕,我来保护你!

4. 水母与小牧鱼是共生的好伙伴。遇到敌情,体长仅7厘米的小牧鱼会躲到水母安全的"避难所"中,巧妙地躲过敌害的进攻。

我来考考你

 1. 水母的外形像什么？

 2. 水母是个很挑食的海洋生物吗？

3. 为什么水母在浅海和深海区都可以生存？

 4. 水母外形很美且没有任何毒性的说法对吗？

 5. 猎物被水母的触手刺蜇后会如何？

 6. 水母的共生伙伴是谁？

 大脑银行ATM机

水母的特殊感应力

水母在风暴到来前就能预先躲避。原来，在它们的伞缘里有一块小小的听石。次声波冲击听石，听石再刺激"球"壁内的神经感受器，水母便可以感受到风暴来临前远处风和海浪摩擦产生的特别的声音。于是，水母就能在风暴到来前沉入海洋深处安全的地方。

善于伪装的预言家——章鱼

超级小档案

生活地区: 海洋。　　主要食物: 虾、蟹等甲壳类动物。
家族: 章鱼科。　　特点: 具有改变自身的形状及颜色的能力。

1. 章鱼的伪装术绝对一流。身形可以变为珊瑚、砾石，还可以拟态海蛇和水母！

2. 当章鱼的腕足被敌害牢牢咬住时，章鱼会自动抛弃腕足，乘机溜走。断掉的腕足在第二天就会迅速愈合，不久就会长出新的腕足来。

3. 章鱼休息的时候，总有一两条腕足在放哨，高度警惕着四周的动静，如果有物体触碰到了腕足，它就会立即跳起来，喷出"黑雾"隐藏自己。

4. 在英国出生、在德国长大的章鱼保罗成功地预测了南非世界杯足球赛上德国队的所有比赛结果，一下变得举世闻名。

我来考考你

 1. 章鱼可以随意改变自身的形状和颜色吗？

 2. 遇到特殊情况时，章鱼的身形会变成水母吗？

 3. 章鱼休息时，所有的腕足都会休息吗？

 4. 如果腕足被碰到，章鱼会放出什么来隐藏自己？

 5. 章鱼的腕足断掉后不会再生，这个说法对吗？

 6. 章鱼保罗生长在哪里？

 大脑银行ATM机

多变的智者

　　章鱼能将自己装扮得与周围环境中的物体一模一样，以逃避敌害或捕获猎物，保证自己的生存和物种的繁衍。章鱼除了运用拟态伪装术、舍"腕"保身术外，美国的一个研究小组还在印度洋意外地发现有些章鱼竟然会以两只脚在海床上行走来避开"猎食者"的捕杀。

勤劳勇敢的舞者——蜜蜂

超级小档案

生活地区：除南极洲外的各大洲。 主要食物：花粉和花蜜。
家族：蜜蜂科。 特点：通过跳舞来传递信息。

甜美的蜂蜜都是蜜蜂的功劳啊！

1. 工蜂的腹部分泌出的蜂蜡经过咀嚼后，变得又软又韧，可以用来建造精致的蜂房。

2. 工蜂要酿造1千克蜂蜜，大约需要采集10千克花蜜，飞行32万千米，大约相当于绕地球8圈。

3. 在蜜蜂这个大家族里，工蜂是最辛苦的，除了采粉、酿蜜外，还需要承担筑巢、饲喂幼虫、清洁环境、保卫蜂群等工作。

4. 蜜蜂们会在蜂巢内结成球形团，在一起抵御冬天的寒冷。在最冷的时候，蜂巢内的温度仍可维持在20℃左右。

我来考考你

 1. 蜂房是用什么建造的呢？

 2. 工蜂要酿造1千克蜂蜜，需要采集多少花蜜？

 3. 工蜂要酿造1千克蜂蜜需要飞行多远？

 4. 在蜜蜂的大家族里，工蜂要负责什么工作？

 5. 蜜蜂通过什么来传递信息？

 6. 寒冷的冬天，蜂巢内的温度是多少？

 大脑银行ATM机

迷途也能知返

为了生存下去，蜜蜂经常要飞到距离蜂巢很远的地方去寻找蜜源，然后准确地返回，几乎不会迷失方向。科学家发现，蜜蜂能够辨别方向的原因主要有两点：一是蜜蜂能够巧用偏振光，并随时根据太阳定位；二是蜜蜂腹部有"超顺磁铁"，能利用地磁场定向。

昆虫界的大力士——蚂蚁

超级小档案

生活地区: 除南极洲外的各大洲。

家族: 蚁科。　　特点: 腹部肥胖,头、胸呈棕黄色。

1. 沙漠中的蚂蚁城堡有4米多高,相当于人类的4000多米高的建筑。

2. 蚂蚁是动物界的小个子,却是动物界少有的大力士。因为它能举起超过自身重量100倍的物体。

我是收获蚁,吃植物的种子。

我是割叶蚁,要种植蘑菇,需要叶片。

3. 不同的蚂蚁吃不同的食物。

请把吃的拖回洞里去!

4. 蚂蚁通过身体接触所发出的信息来进行交流和沟通。

我来考考你

 1. 沙漠中的蚂蚁城堡相当于人类多高的建筑？

 2. 收获蚁主要以什么为食？

 3. 割叶蚁把叶片搬运到地洞里做什么？

 4. 蚂蚁能举起超过自身体重100倍的物体吗？

 5. 蚂蚁通过什么来进行沟通和交流？

 6. 图中一共出现了多少只蚂蚁？

 大脑银行ATM机

改变历史的蚂蚁

传说楚汉相争之际，汉高祖刘邦的谋士张良用饴糖作诱饵，使蚂蚁闻糖而聚，组成了"霸王自刎乌江"六个大字。霸王项羽见此，以为天意，吓得丧魂落魄，不由地仰天长叹："天之亡我，我何渡为？"然后，项羽挥剑自刎而死。于是，"汉家天下，蚂蚁助成"的故事从此流传开来。

自然界的清道夫——蜣螂

超级小档案

生活地区：除南极洲外的各大洲。　　**主要食物**：动物粪便。

家族：金龟甲科。　　**特点**：深目高鼻、背负黑甲，号称自然界的清道夫。

1. 蜣螂俗称"屎壳郎"，它会用后腿将粪便滚成比自身大很多的粪球。

2. 为了避免粪便在太阳的照射下变质，蜣螂会在最短的时间内搬运比自身重400倍的土方量，以便挖好地窖，储存粪便。

妈妈，便便真好吃！

3. 蜣螂妈妈将粪球做成梨状，作为孵化球，在其中产卵。

4. 蜣螂妈妈滚动孵化球时，会伸出后腿，比量粪球的大小，以保证小蜣螂有足够的食物来源。

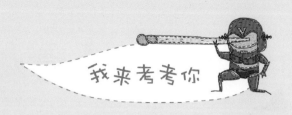

我来考考你

 1. 蜣螂俗称什么？

 2. 蜣螂被人们称作什么？

 3. 蜣螂搬运比自身重400倍的土，有什么用处？

 4. 孵化球呈什么形状？

5. 小蜣螂以什么为食？

 6. 蜣螂妈妈在滚动孵化球时有什么举动？

 大脑银行ATM机

神圣的甲虫

在古埃及人的眼里，蜣螂是一种神圣的动物。埃及人相信，在空中有一只巨大的蜣螂，名叫克罗斯特，是它用后腿推动着地球转动的。在埃及，到处可见有它们图案的商品、形象和文字。在那里，它们不仅是避邪的护身吉祥物，也是象征不朽生命及正义的物种。

行"化尸大法"的小虫——蜘蛛

超级小档案

生活地区：除极地外的世界各地。　主要食物：昆虫。大的蛛类能捕捉鱼虾和小鸟。

家族：蜘蛛目。　特点：腹部不分节，有4对步足。

吃剩的食物可以用蛛丝网包好,下次再吃!

1. 蜘蛛猎食时，先用毒牙里的毒素麻痹猎物，然后分泌消化液注入猎物体内溶解猎物，再慢慢吸食。

2. 蜘蛛怕光，经常在背光和透风的地方结网。蜘蛛丝除了捕捉猎物外，还可编成食物储存网袋。

3. 蜘蛛很爱干净。家养的蜘蛛一般把笼边当垃圾站，在那里大小便及扔食物残渣。

啊？一个月只吃一顿？

4. 蜘蛛的食量很小，它们一个月只享用1~2顿餐，最长可以断食两个月。

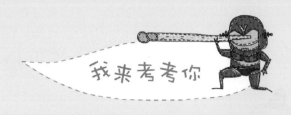

我来考考你

 1. 蜘蛛吃昆虫吗？

 2. 蜘蛛在猎食时会采取什么方法？

3. 蜘蛛喜欢在什么地方结网？

 4. 蜘蛛丝有哪些作用？

 5. 蜘蛛一个月一般进食几次？

 6. 蜘蛛不爱干净的说法正确吗？

 大脑银行ATM机

蛛丝的魅力

蛛丝很细，100根蛛丝只相当于人类一根头发的粗细。但是，蛛丝非常坚韧。研究人员发现蛛丝不怕水，不发霉，不受温度、湿度的影响，也不会扭曲。仿生学家由蜘蛛吐丝结网而受到启发，研制出能喷射现代人造纤维的喷丝头，可以压出或拉出链状聚合物构成的纤维。

不可一世的海霸王——大白鲨

超级小档案

生活地区：温带和热带海域。　　家族：鲭鲨科。

主要食物：鱼类、海龟、海鸟、海狮等。

倒刺

口拍！

1. 大白鲨的牙齿大约有三分之一处于更换过程中。据估计，大白鲨一生中将丢失并更换成千上万颗牙齿。

2. 鲨鱼皮虽然没有鱼鳞，却比砂纸还粗糙。猎物哪怕只是被它撞了一下，也会鲜血淋漓。

3. 大白鲨是最有效率的海洋杀手，凭借其灵敏的嗅觉和触觉，可以迅速找到数千米以外的猎物。

4. 大白鲨会将一切感兴趣的东西吞下肚：肉、骨头、木块，甚至钢笔、玻璃瓶等。它的胃内有一层坚韧的壁，不会被吞入的东西弄伤。

我来考考你

 1. 大白鲨为什么可以迅速找到数千米外的猎物？

 2. 为什么猎物被大白鲨撞到，会鲜血淋漓？

 3. 大白鲨的牙齿大约有多少处于更换期？

 4. 在大白鲨的一生中，丢失最多的是什么？

 5. 大白鲨会把钢笔和玻璃瓶吞进肚子里吗？

 6. 为什么大白鲨不怕吞入尖锐的物品？

 大脑银行ATM机

大白鲨的对手

虎鲸和海豚是大白鲨的对手。虎鲸比大白鲨有着更大的体形，它们常常成群出动，轮番围攻大白鲨，因此大白鲨经常成为虎鲸的盘中美餐。由于鲨鱼是软骨鱼类，因此聪明的海豚会成群结队地撞击鲨鱼柔软的腹部，令鲨鱼的内脏器官严重受伤而死去。所以，当大白鲨遇到虎鲸和海豚时，只得赶紧逃走了。

沙漠中的独行者——响尾蛇

生活地区: 沙漠地区。　　主要食物: 鼠类、野兔, 也食蜥蜴和小鸟。

家族: 蝰蛇科。　　特点: 体呈黄绿色, 背部具有菱形黑褐斑。

我爬得可不慢哦!

1. 凭借"探热器", 响尾蛇能准确地判断出猎物的方位和距离, 迅速发动攻击, 咬住猎物。

如果被我咬到, 是会中毒的!

2. 响尾蛇依靠奇特的横向伸缩的方式迅速穿越沙漠, 这一本领使它抓得住松沙。

我还有能力发起进攻!

3. 响尾蛇的尾部有响环, 每当响尾蛇摇动响环时, 就是在向入侵者发出警告。

4. 在咬噬动作方面, 响尾蛇有一种反射能力, 可以不受大脑指挥。所以, 即使在其死后1小时内, 响尾蛇仍可以弹起施袭。

我来考考你

 1. 为什么响尾蛇能够抓住松沙且行动迅速？

 2. 响尾蛇靠什么来准确判断猎物的方向？

 3. 响尾蛇的响环摇动时，意味着什么？

 4. 死后1小时的响尾蛇对人就没有危险了吗？

 5. 在草原和森林里，也能看到响尾蛇吗？

 6. 响尾蛇是一种无毒蛇吗？

 大脑银行ATM机

被响尾蛇咬伤后如何急救

　　在响尾蛇出没的地区，人们应该穿长筒皮靴及皮裤，并时常留意自己的脚下。因为有时响尾蛇会在小径中央晒太阳，当遇见时须与它保持一定的距离让它逃走。一旦有人被响尾蛇咬了，不管情况如何，都应立即送往医院，由专业的医生治疗。

善变的伪装高手——变色龙

超级小档案

生活地区: 非洲、欧洲。　　主要食物: 昆虫、蜘蛛。
家族: 爬行动物。　　特点: 体色会随周围环境而变化。

1. 变色龙是动物界的伪装高手，它的体色会随着周围环境的不同而变化。

2. 当变色龙害怕和生气的时候，它的体色就会变成黑色。

好好吃的美食啊！看你往哪里跑！

3. 变色龙只需0.07秒便可以完成捕食，其舌头的长度是其体长的2倍。

4. 变色龙的眼球可以朝任何方向转动，左、右眼可以分别单独活动。

我来考考你

 1. 图中的变色龙一共变了几种颜色？

 2. 变色龙体色变成黑色时，代表什么？

 3. 变色龙的眼睛只能关注一个方向吗？

 4. 变色龙舌头的长度是体长的多少倍？

 5. 变色龙伸出舌头捕食猎物的时间约为多少秒？

 6. 变色龙主要以什么为食？

 大脑银行ATM机

神奇的舌头

　　通过研究，科学家们发现变色龙的舌部结构就像一根中空的伸缩杆，外层是环肌，里层是纵肌。当环肌收缩时，舌头在张力的作用下能瞬间弹射出去，舌尖一下子粘住猎物的身体。随后纵肌收缩，将舌头迅速收回，同时也带回了猎物。

身披铠甲的漫步者——穿山甲

超级小档案

生活地区：中国。　　主要食物：白蚁、蚂蚁。

家族：穿山甲科。　　特点：全身有鳞片状盔甲。

我是白蚁的克星！

1. 穿山甲很爱干净，每次大便前，会在洞口挖一个排便坑，将粪便排入坑中后，再用松土覆盖。

2. 穿山甲是白蚁的克星。林地中只要有穿山甲，白蚁就不会对该地区造成危害。

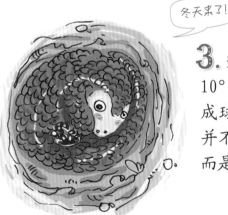

冬天来了！

3. 当气温降至10°C以下，蜷缩成球状的穿山甲并不是生病了，而是在冬眠。

夏天到了，这里凉爽又通风！

4. 穿山甲有两个不同的住处：一个夏天住，通风凉爽；一个冬天住，挡风保暖。

我来考考你

 1. 穿山甲主要以什么为食？

 2. 穿山甲把身子蜷缩成什么形状来过冬？

 3. 白蚁的克星是谁？

 4. 爱干净的穿山甲是如何处理粪便的？

 5. 穿山甲在多少摄氏度以下会冬眠？

 6. 穿山甲只有一个住处吗？

 大脑银行ATM机

身披"铠甲"

　　穿山甲生活在我国南方的丘陵山麓地区。它善于挖洞而居，挖洞的速度之快犹如具有"穿山之术"。除了脸和腹部之外，穿山甲全身披着500～600块呈复瓦状排列的、鱼鳞一般的硬角质厚甲片，很像古代士兵的铠甲，因而得名。

硬骨头战士——鳄鱼

超级小档案

生活地区：河流、湖泊和沼泽。　　主要食物：昆虫、鸟、鱼类和哺乳动物。

家族：鳄科。　　特点：至今仍生存在地球上的最早的爬行动物。

1. 鳄鱼和恐龙生活在同个时代，有"活化石"之称。

2. 鳄鱼是目前已知咬合力最强的动物，也是地球上骨头最硬的爬行动物，需要特制的合金钢才能将它切割。

3. 鳄鱼的免疫力非常强，终身不患癌症。它的寿命一般可长达70～80岁，也有100多岁的。

我可不是在流泪哦!

4. 在陆地上时间待长了，鳄鱼就会开始分泌"眼泪"，鳄鱼流出的"眼泪"其实是其体内多余的盐分。

我来考考你

 1. 鳄鱼属于鱼类吗?

 2. 鳄鱼的寿命一般可长达多少岁?

 3. 鳄鱼和恐龙生活在同个时代,被称为什么?

 4. 地球上骨头最硬的爬行动物是什么?

 5. 鳄鱼流泪,是因为它在伤心难过吗?

 6. 目前已知,地球上咬合力最强的是哪种动物?

 大脑银行ATM机

体色发生变化的南美短吻鳄

生活在南美洲的短吻鳄在西班牙语中称为"Caiman"。短吻鳄与其他鳄鱼的区别在于它们的嘴比较宽。未成年的美洲短吻鳄的身体呈黑色,有黄色的条纹;成年以后它们的体色会逐渐变成褐色。最大的美洲短吻鳄体长可达5.8米,一般在1.8～3.7米。

悄然无声的"轰炸机"——猫头鹰

超级小档案

生活地区：除极地以外的世界各地。	主要食物：鼠类、小鸟和蛙。
家族：鸱鸮科。	特点：两眼周围的羽毛呈放射状。

1. 猫头鹰有一个能灵活转动的脖子，它的头可以向后转，就如同背上也长了眼睛。

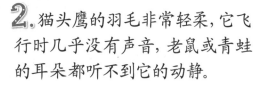

2. 猫头鹰的羽毛非常轻柔，它飞行时几乎没有声音，老鼠或青蛙的耳朵都听不到它的动静。

3. 在漆黑的夜晚，猫头鹰的视觉十分敏锐，它的视力比人高出很多倍。

这么难吃，吐掉算了！

4. 猫头鹰吃完猎物后，会将毛和骨头吐出来。

我来考考你

 1. 猫头鹰喜欢在白天捕猎吗？

 2. 为什么老鼠无法察觉周围有猫头鹰？

 3. 夜晚，猫头鹰的视力比人类好吗？

 4. 猫头鹰喜欢把猎物连皮毛带骨头一起咽下吗？

 5. 如果猎物在背后，猫头鹰依靠什么看见猎物？

 6. 在北极和南极，人们能看到猫头鹰吗？

 大脑银行ATM机

猫头鹰的生存压力

　　人类活动会对猫头鹰的生存造成严重威胁。许多栖居在热带森林的猫头鹰分布区狭小且种群数量少。伴随热带森林被迅速破坏、栖息地丧失、食物资源匮乏、天敌威胁加重，猫头鹰的生存压力不断增大。

大自然的宠儿——蜂鸟

超级小档案

生活地区: 美洲。　　主要食物: 花蜜。　　家族: 蜂鸟科。

特点: 世界上体型最小的鸟, 新陈代谢极快。

我的心跳每分钟600次。

2. 蜂鸟可以倒退飞行, 垂直起落, 甚至可以在空中静止4～5分钟。蜂鸟是唯一可以向后飞行的鸟。

1. 由于个子太小, 为了飞行, 蜂鸟的翅膀就需要比别的鸟类具有快得多的拍打频率。

这朵花是前天被我吸过蜜的!

3. 蜂鸟具有惊人的记忆力, 是唯一能记住"吃东西地点和时间"的鸟类。

4. 蜂鸟的卵是世界上最小的鸟卵, 只有豆粒般大小。

我来考考你

 1. 蜂鸟在地球上所有地区都有分布吗？

 2. 蜂鸟的心跳可达到每分钟多少次？

 3. 所有的鸟类都只能向前飞行吗？

 4. 蜂鸟能记住采过花蜜的地点和时间吗？

 5. 世界上最小的鸟卵是哪种鸟的卵呢？

 6. 花蜜是蜂鸟的主要食物吗？

 大脑银行ATM机

大自然的宠儿

在自然界的动物中，蜂鸟的体态妍美。艳丽的体羽闪烁着蓝宝石、绿宝石般的光芒，轻薄得呈透明状；眼睛像两个黑点，闪闪发光；喙像一根长长的细针，舌头则是一根纤细的"线"；双足又短又小，不易被人发现。人们常说，蜂鸟就是大自然的宠儿。

爱提虫的森林医生——啄木鸟

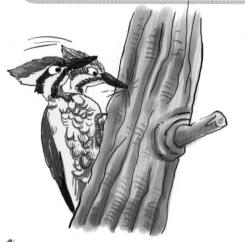

1. 春天,占据领地的雄啄木鸟会大声鸣叫,啄击空洞的树干。

2. 啄木鸟最擅长"击鼓驱虫"的方法,用喙敲击,发出击鼓声,使害虫晕头转向、四处乱窜。

减震肌肉

3. 啄木鸟每天啄木500～600次,每啄一次头部都会受到剧烈的震动,但是因为它的头部结构特殊,有减震功能,所以它既不会头痛,也不会得脑震荡。

怎么还有黏液啊,只能被抓走了!

4. 啄木鸟的舌头很长,舌根长在右鼻孔处,舌头向后绕过整个头骨,再伸进嘴里。舌尖分泌黏液,能轻而易举粘住害虫。

我来考考你

1. 啄木鸟在哪个季节会大声鸣叫？

2. 啄木鸟施展什么妙计诱骗害虫出洞的？

3. 为什么啄木鸟能轻而易举地捕捉到虫子？

4. 啄木鸟每天啄木大约多少次呢？

5. 钻进树木深处的害虫们最怕的是什么鸟儿？

6. 啄木鸟用嘴敲击树木，害虫会怎样？

 大脑银行ATM机

啄木鸟头部防震原理

啄木鸟的头骨结构疏松而且充满空气，头骨内部坚韧的外脑膜和脑髓之间有一条空隙，里面含有液体，减低了震波的流体传动，起到了消震的作用，而且头部两侧发达的肌肉也可以起到防震的作用。

这种精妙的头部结构组成，给防震头盔的设计提供了参考。

沙漠中不会飞的鸟——鸵鸟

超级小档案

生活地区：非洲。　　主要食物：草、叶、嫩枝和多汁的植物。
家族：鸵鸟目。　　特点：不会飞翔，脖子长而无毛，头小，脚有二趾。

1. 鸵鸟在吃东西的时候，会吃一点小石子，以此帮助磨碎食物，促进消化。

2. 鸵鸟蛋是所有鸟类蛋中最大的而且非常坚硬，甚至一个普通成年人站在上面都不会把它踩破。

3. 鸵鸟喜欢把头贴在地面上，一来能听到远处的声音，二来能放松颈部的肌肉。

好放松啊！

4. 沙漠中食物稀少而分散，鸵鸟会将食物聚集于食道上方，形成一个食球后，再缓慢地吞下。

我来考考你

1. 鸵鸟会在天空中飞翔吗？

2. 鸵鸟喜欢吃什么？

3. 鸵鸟的脚有几根脚趾呢？

4. 为什么鸵鸟喜欢将头贴在地面上？

5. 吃东西的时候，鸵鸟为什么要吃小石子？

6. 鸟类中，哪种鸟的蛋最大？

 大脑银行ATM机

"鸵鸟之都"过把瘾

南非人善于经营鸵鸟生意。他们制作了鸵鸟蛋壳工艺品，还开放饲养鸵鸟的农场，让游客参观。在被称为"鸵鸟之都"的奥茨霍恩市，游客们不仅能品尝到鸵鸟肉、鸵鸟蛋，还能过一把骑鸵鸟的瘾，甚至可以参加"骑鸵鸟比赛"。

烈焰使者——火烈鸟

超级小档案

生活地区: 亚洲、欧洲、非洲和美洲。　　**主要食物:** 藻类、小蟹、小虾、昆虫幼虫等。

家族: 红鹳科。　　**特点:** 脖子长,头小,脚有四趾,胆小,喜群居。

1. 火烈鸟喜欢吃那些能使羽毛变红的贝壳和藻类,所以常常因为鲜艳的羽毛遭到敌害的攻击。

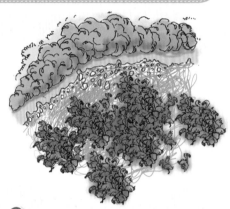

2. 非洲的纳古鲁湖是火烈鸟们的天堂,成千上万只火烈鸟集聚在一起,就像一片烈焰蒸腾的火海。

3. 火烈鸟夫妇喜欢把巢筑在水里,并不停地用蹼状双脚交替踩实,仿佛双双在跳舞。

好痛啊,不要拔我的毛!

唉,怎么变成白色了?

4. 火烈鸟的红色羽毛只要被拔下,就会变成白色。

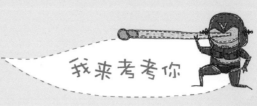
我来考考你

 1. 火烈鸟的天堂在哪里？

 2. 火烈鸟是怎么筑巢的？

 3. 从火烈鸟身上拔下的羽毛还是红色的吗？

 4. 为什么火烈鸟极易受到敌害的攻击？

 5. 火烈鸟喜欢把巢筑在哪里呢？

 6. 火烈鸟喜欢独居生活吗？

 大脑银行ATM机

世界禽鸟王国中的绝景

　　火烈鸟总是成群地生活在一起，是个温暖的大家庭。平时，它们经常在肯尼亚纳古鲁湖的浅水区串游，在湖畔信步徜徉，交颈嬉戏，一时兴起还会扑棱着舒展双翅、猛摇长颈，列成严整的方阵，翩然起舞。每当此时，湖光鸟影交相辉映，犹如万树桃花在水中漂游。

南极的特产——企鹅

超级小档案

生活地区：南极与亚南极地区。   主要食物：小鱼、虾。

家族：企鹅科。   特点：背部黑色，腹部白色，趾间有蹼，前肢成鳍状趾。

1. 企鹅是一种最不怕冷的鸟，它的羽毛密度非常大，即使气温降到-100℃，也休想攻破它的保温防线。

2. 企鹅没有牙齿，但它的舌头以及上颚有倒刺，吞食起鱼虾来很是方便。

3. 企鹅虽然不会飞，但它的游泳本领在鸟类中算得上是超级选手。

宝宝啥时出生啊，急死我了！

4. 有的企鹅的孵卵工作由企鹅爸爸担任，大约60天左右，企鹅爸爸不进食，只靠体内的脂肪维持体力。

我来考考你

1. 企鹅有牙齿吗？

2.  企鹅怕冷吗？

3. 企鹅与其他鸟类一样会在空中飞翔吗？

4. 企鹅在鸟类中什么本领是最强的？

5. 孵化企鹅蛋的工作是由企鹅爸爸来担任吗？

6. 在孵卵的时候，企鹅爸爸可以随意进食吗？

 大脑银行ATM机

环境污染的检测员——帝企鹅

由于气候特殊和远离人类活动区的原因，南极洲成为一块尚未被工业污染侵害的"净土"，这也使帝企鹅对工业地区的种种污染反应十分敏感。正因为如此，德国柏林的一个空气监测站启用帝企鹅当"监测员"，其准确性和灵敏度甚至超过了先进的电子监测器。

最原始的哺乳动物——鸭嘴兽

超级小档案

生活地区: 大洋洲。　　主要食物: 昆虫的卵和幼虫、小鱼、虾。
家族: 鸭嘴兽科。　　特点: 尾巴扁而阔, 前、后肢有蹼和爪。

鸭嘴兽来了, 快跑!

2. 鸭嘴兽身上带有80多种毒素, 这是它强有力的"护身符"。

1. 鸭嘴兽的嘴巴布满神经, 像雷达扫描器一样, 便于在水中寻找食物和辨明方向。

3. 鸭嘴兽属于哺乳动物, 它生出来的却是蛋宝宝, 是地球上为数很少会产蛋的哺乳动物。

4. 鸭嘴兽宝宝需要吃奶才能长大, 所以生物学家将其称为"卵生哺乳动物"。

我来考考你

 1. 鸭嘴兽是大洋洲特有的动物吗？

 2. 鸭嘴兽的嘴巴具有什么特殊功能？

 3. 在野外若遇到鸭嘴兽，会有危险吗？

 4. 鸭嘴兽妈妈生的是小鸭嘴兽，还是蛋宝宝呢？

 5. 生物学家把鸭嘴兽称为什么？

 6. 鸭嘴兽强有力的"护身符"是什么？

 大脑银行ATM机

人类与鸭嘴兽的第一次相遇

大约在1789年，人们在澳大利亚南部发现了一张兽皮：长着一身海狸的毛、海狸的秃尾巴和鸭子一样的嘴巴。几乎所有人都认为这是一个骗局：有人把鸭嘴缝在了小毛兽的身上。几年后，苏格兰著名解剖学家霍姆研究后断定这并非骗子的把戏，而是确有其物。从此，人们认识了鸭嘴兽。

不喝水的"夜猫子"——树袋熊

超级小档案

生活地区: 澳大利亚桉树林。　　主要食物: 桉树叶。

家族: 树袋熊科。　　特点: 雌树袋熊肚子上有一只育儿袋。

1. 刚出生的小树袋熊只有一个花生大小。成年树袋熊也只有2岁的孩子一般大。

又软又香，真好吃！

2. 妈妈黏糊糊的粪便是小树袋熊的断奶食品，这种粪便有助于食物消化。

3. 树袋熊的粪便是深绿色的，桉树叶也是这种颜色。

4. 树袋熊可是从来不喝水的哦，因为桉树叶里有足够的水分。所以树袋熊的另一个名字叫"考拉"，这源于古代土著文字，意思是"不喝水的动物"。

我来考考你

 1. 成年树袋熊一般能长到多大？

 2. 图中一共有几只树袋熊？

 3. 树袋熊刚出生时，与什么一样大？

 4. 所有的树袋熊都有育儿袋吗？

 5. 树袋熊喜欢把家安在哪种树上？

 6. 小树袋熊的断奶食品是妈妈的粪便吗？

 大脑银行ATM机

名副其实的夜行侠

　　树袋熊是位名副其实的"夜行侠"。它在夜间或晨昏时活动频频，白天则趴在树上休息、睡觉。树袋熊每天至少要睡上18～22个小时。这是因为在夜间活动比在白天活动更能节省体内的水分，减小能量的消耗。树袋熊性情温顺，是澳大利亚特有的珍稀动物。

澳大利亚的国宝——袋鼠

超级小档案

生活地区: 大洋洲。　　**主要食物:** 小草、树叶。

家族: 袋鼠科。　　**特点:** 前肢短小,后腿强健,雌性袋鼠长有育儿袋。

2. 喜欢在夜间活动的袋鼠视力很差,却总是喜欢汽车灯光,时不时地会跳去"看个究竟",所以很容易被汽车撞到。

1. 所有雌袋鼠都长有育儿袋。袋鼠宝宝刚出生时个头很小,都是在育儿袋里被抚养长大的。

3. 哺乳动物里,跳得最高最远的非袋鼠莫属。它最高可跳至4米,最远可跳至13米。

4. 袋鼠遭到进攻时,会背靠大树,尾巴着地支撑,用脚狠狠地踢中敌害的腹部。

我来考考你

 1. 袋鼠可以跳多远？

 2. 哺乳动物界的跳远冠军是什么动物呢？

 3. 在澳大利亚夜间行车时要注意什么？

 4. 野外袋鼠有什么独特的反击办法？

 5. 所有袋鼠都长有育儿袋吗？

 6. 袋鼠可以跳多高？

 大脑银行ATM机

奇妙的育儿袋

袋鼠妈妈的育儿袋是小袋鼠幼年成长的摇篮。袋鼠妈妈怀孕30～40天左右，小袋鼠就要出生了，这时袋鼠妈妈就忙着用它那长长的舌头打扫育儿袋，把口袋里的脏东西一点一点地清理出去。袋鼠妈妈还在自己的尾巴根部到育儿袋之间，用舌头舔出一条湿漉漉的"羊肠小路"，供小袋鼠爬行。

动物界的建筑师——河狸

超级小档案

生活地区：美洲、亚洲和欧洲。　　主要食物：新鲜的树皮、嫩枝和树根。

家族：啮齿目。　　特点：体形肥壮，耳小颈短，门齿锋利。

2. 河狸造的"房子"很精巧，而且有两个大门。一旦有水獭等动物闯入，它就会从后门逃跑。

1. 当河狸移居到一条新的河流时，第一件事就是筑坝截流，在堤内造窝。

3. 冬季来临前，河狸把树干和树枝咬成1米左右的长度，运到洞口附近的水底浸泡并集中储藏，作为储备粮。

4. 冬天来了，河狸一家住在窝内安享天伦之乐，还有丰厚的储备粮。

我来考考你

1. 河狸搬到新的河流时,第一件要做的事是什么?

2. 为什么河狸把树枝和树干咬成1米左右的长度?

3. 河狸的"房子"为什么有两个大门?

4. 寒冷的冬天,河狸会面临饥饿的威胁吗?

5. 河狸的门齿锋利吗?

6. 河狸以什么为食?

大脑银行ATM机

大自然的土木工程师——河狸

　　河狸最强大的工程才能就是筑坝了。河狸筑坝主要目的是保护自己的窝,也能为森林里的其他小动物带来好处。河狸的水坝能让河流保持相对稳定的流量,还能营造周边的湿地环境。河狸是少有的能通过劳动改善自然生态环境的动物之一。

动物界的母系氏族——河马

超级小档案

生活地区: 非洲。　　主要食物: 草类和水生植物。　　家族: 河马科。

特点: 河马处在"母系社会"阶段，家族中雌河马占据统治地位。

1. 河马的体形虽然大得像坦克，可是一到了水里，它就变得非常灵活。

2. 河马爬上岸后，会用大便的方式作为记号，以免在返回途中迷路。

嘿! 你好啊!

3. 河马很喜欢泡在水里，每天可以在水中待上十几个小时。

4. 河马睡觉的时候喜欢把它的大嘴巴搁在另一只河马宽大的背上，一群河马就这样相互依靠，很像"多米诺"骨牌。

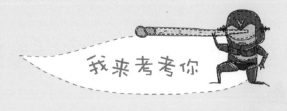

我来考考你

 1. 河马是非洲特有的动物吗?

 2. 河马在水里活动很笨拙吗?

 3. 河马上岸后会用什么作为回家的记号?

 4. 河马每天可以在水中待上多长时间?

 5. 河马喜欢独自在水里睡觉, 对吗?

 6. 图中一共出现多少只河马?

 大脑银行ATM机

从鼻孔里发出的吼声

非洲南部的博茨瓦纳乔贝河中生活着一群凶悍的河马,生物学家观察后发现,河马的叫声是从鼻孔发出的。它们的鼻孔里有瓣膜,声音从鼻孔呼出,而不是嘴巴。这是一种威胁式的次声波呼叫,频率很低,可以传得很远。一般是一头雄河马叫给其他雄河马听的,用这种低频叫声来威吓它们。

有洁癖的蒙眼"强盗"——浣熊

超级小档案

生活地区: 北美洲。	**主要食物:** 浆果、昆虫、鸟卵和其他小动物。
家族: 浣熊科。	**特点:** 体色呈黄绿色,背部具有菱形黑褐斑。

2. 冬季来临前,浣熊会拼命地补充体内的脂肪,所以此时浣熊的体重比夏季时重,甚至可增加1倍。

1. 浣熊的眼睛周围有大片的黑毛,覆盖脸颊,看起来像强盗戴的黑色眼罩。

洗一洗,更干净!

3. 浣熊爱清洁,它们在吃食物前一定要将食物蘸水后拍打一番再吃。

4. 夜晚,居住在郊区的浣熊常常溜达到居民家里去找吃的,所以浣熊常被人们称为"神秘小偷"。

我来考考你

 1. 浣熊的外貌看起来像什么？

 2. 从冬天到夏天，浣熊会有怎样的变化？

 3. 浣熊主要生活在哪里？

 4. 浣熊有什么样的强迫症呢？

 5. 浣熊夜间的行为被人们称为什么？

 6. "浣熊只吃浆果"这种说法对吗？

 大脑银行ATM机

优秀的"游泳健将"

　　浣熊喜欢栖息在靠近河流、湖泊或池塘旁的树林中，是名优秀的"游泳健将"。白天，它们在空心树和岩石或地面上的洞中睡觉；晚上，它们成群结队地外出活动。

蚂蚁的克星——食蚁兽

超级小档案

生活地区: 南美洲亚马孙河流域。　　主要食物: 蚂蚁、果子。

家族: 食蚁兽科。　　特点: 没有牙齿, 舌细长, 能伸缩。

1. 食蚁兽的舌头表面有一层黏液, 还长着倒刺, 只要舌头一伸, 蚂蚁统统进了肚子里。

2. 食蚁兽的舌头能惊人地伸至60厘米长。

再换个地方去瞅一瞅!

3. 食蚁兽在一个蚁穴中只吃140天左右的蚂蚁, 吃完后会换一个蚁穴再捕食。

妈妈真的很好哦!

4. 食蚁兽妈妈是位非常称职的母亲, 总是把宝宝驮在背上, 形影不离。

我来考考你

 1. 我国的长江流域有食蚁兽分布吗？

 2. 食蚁兽的舌头能伸到多长？

3. 食蚁兽宝宝出生后，妈妈会照顾它吗？

 4. 食蚁兽的舌头有哪些功能？

5. 食蚁兽多久会换个蚁穴捕食？

6. 食蚁兽的牙齿也很锋利吗？

 大脑银行ATM机

二趾食蚁兽

二趾食蚁兽的体形较小，全身披有浓厚如丝一般光滑的黄色皮毛，故有"丝毛食蚁兽"之称。这种小兽常常蹲在树枝上，用尾巴缠绕着树干，两只前肢举在头顶，后肢可直立很久。因此，它的尾巴更长、更富有缠绕性，后肢各有四趾，前肢中只有中间两趾有爪。如果有动物去打搅它，它会举起前爪，凶猛地扑向这个不速之客。

趾高气扬的胆小鬼——犀牛

生活地区: 非洲、亚洲。　　主要食物: 草、水果、树叶、树枝和稻米。

家族: 犀科。　　特点: 头大而长, 颈短粗, 头部有实心的独角或双角。

怕怕, 先躲一下了。

1. 犀牛的个头很大, 胆子却很小。遇到危险时, 犀牛宁愿躲避也不肯战斗。

2. 犀牛的厚皮上有很多褶缝, 寄生虫很喜欢住在里面。全靠小小的犀牛鸟为它驱虫并担任警卫工作。

3. 犀牛一旦被激怒, 会低着头猛冲, 用尖角当武器。

4. 犀牛会在固定的地方排便, 并积攒成堆, 还经常用角在粪堆周围掘出沟。这是它们为自己划分地界的标记。

我来考考你

 1. 所有的犀牛头上都只长一个角吗？

 2. "犀牛个头大，胆子也很大。"这个说法对吗？

 3. 犀牛身上的寄生虫是谁来清除的呢？

 4. 为什么犀牛喜欢用角在粪堆周围挖沟？

 5. 犀牛低头用角作为武器，代表什么？

 6. 寄生虫长在犀牛的何处？

 大脑银行ATM机

保护犀牛

犀牛在地球上已有5亿年的生存历史，是体型仅次于大象的陆地动物。犀牛躯体庞大，四肢粗壮，皮又厚又硬，足以抵挡任何动物的袭击。在自然界几乎没有天敌的犀牛在近50年里数量竟减少了90%，主要是由于人类的大肆猎杀和生活环境的恶化。现在，犀牛是国际保护动物，每年的9月22日是世界犀牛日。

身上长植物的动物——树懒

超级小档案

生活地区: 中美和南美的热带雨林。　**主要食物:** 树叶、嫩芽、果实。

家族: 树懒科。　**特点:** 头骨短而高,鼻吻显著缩短。

1. 树懒懒得吃,懒得动,懒得玩,它每小时只能"走"0.1千米,比乌龟还慢。

2. 树懒是唯一身上长有植物的动物,这些植物也使树懒能隐藏在树林中不被发现。

别吵我,没看到我睡得正香吗?

3. 树懒平均每天有四分之三的时间在睡眠,是动物王国中的睡觉冠军。

多久没洗洗澡了啊?这么臭啊!

4. 食肉动物们可能不太爱吃树懒,并且它善于隐藏,所以在野外生存的树懒基本不受威胁。

我来考考你

 1. 树懒主要以什么东西为食？

 2. 为什么树懒躲在树林中不易被发现？

 3. 树懒每小时只能走多少千米？

 4. 唯一身上长植物的动物是什么？

 5. 树懒每天要花多少时间睡觉？

 6. 树懒在野外基本不受威胁的原因是什么？

 大脑银行ATM机

终年生活在树上

树懒难得下地，靠抱着树枝、竖着身体向上爬行，或倒挂其体、靠四肢交替移动。它们能长时间倒挂，甚至连睡觉时也采用这种姿势。这就造成它们的前肢增大，明显长于后肢，四肢斜向外侧，不能支持身体，只得靠前肢爬行，拖着身体前进。当居住地遭水淹没时，树懒则能通过游泳来转移。

超重量级拳王——棕熊

超级小档案

生活地区: 亚洲、欧洲、北美洲。　　主要食物: 肉、鱼和水果。

家族: 熊科。　　特点: 体形庞大，毛发呈褐色。

2. 棕熊是陆地上体形最大的哺乳动物之一，一头成年公熊的体重可以超过7个成年男子的体重。

1. 棕熊大多性情温和，是个"胆小鬼"，从不发起主动攻击，通常听到人类的声响就会主动避开。

好烦人，爪子又受磨损了。

4. 棕熊的前臂十分有力，前爪的挥击力足以击碎野牛的脊柱。

3. 棕熊长着长长的爪子，可是不能缩起来，所以很容易磨损。不过爪子受到磨损后很快又会长出来。

我来考考你

 棕熊的胆子很大吗？

 公熊的体重可以超过多少个成年男子的体重？

 棕熊的爪子受到磨损后会重新长出来吗？

 为什么棕熊能击碎野牛的脊柱？

 棕熊是杂食动物吗？

 棕熊是地球上最大的熊类吗？

 大脑银行ATM机

西藏的棕熊

在我国西藏分布着一种体型较小的棕熊，叫藏马熊。它的力气非常大，甚至可以弄弯野外房屋的钢筋，有时它还会偷取科考队的食物。别看藏马熊的外表很笨重，它们奔跑的速度能达到每小时50千米。而且，它们的耐力也很好，可以以这样的速度连续奔跑几千米。

54 ◀◀◀◀◀

中国的国宝——大熊猫

生活地区: 中国。　　主要食物: 竹类。　　家族: 猫熊科。

特点: 眼睛周围、耳朵、前后肢和肩部的毛为黑色, 其余均为白色。

蜗牛老弟, 一起去散个步。

1. 野生大熊猫的食谱里几乎只有竹子, 其他食物都不爱吃。

2. 大熊猫喜欢单独活动, 走起路来总是慢吞吞的, 一点也不着急的样子。

3. 大熊猫吃竹子的时间比睡觉的时间都长, 不仅白天吃, 晚上也在啃。

4. 作为"中国和平大使", 大熊猫频频"出访"其他国家, 增进了我国与各国人民的友谊。大熊猫的形象被世界自然基金会选为会标。

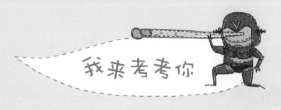
我来考考你

 1. 大熊猫在欧洲有分布吗？

 2. 大熊猫的主要食物是什么？

 3. 大熊猫睡觉的时间比吃竹子的时间长吗？

 4. 世界自然基金会把什么动物形象选为会标？

 5. 大熊猫被称为中国的什么大使？

 6. 大熊猫喜欢群居还是独自活动？

 大脑银行ATM机

不用冬眠的活化石

　　大熊猫不怕寒冷，即使在寒冷的冬天，它们依然在白雪皑皑的竹林中穿行，根本不像黑熊、棕熊那样躲在树洞里冬眠。这主要是因为它们是从第四纪冰川中走过来的勇士，所以根本不畏惧严寒。

会飞的哺乳动物——蝙蝠

超级小档案

生活地区: 除极地外的世界各地。　　主要食物: 昆虫。

家族: 翼手目。　　特点: 形状似鼠, 前后肢有薄膜与身体相连, 会飞翔。

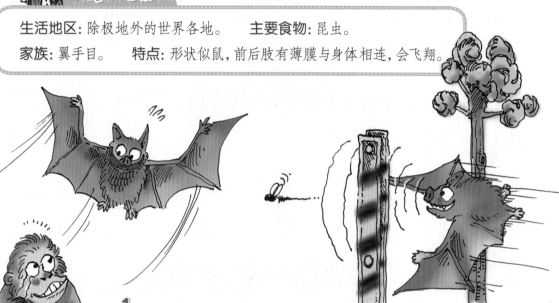

1. 蝙蝠不是鸟, 却是唯一一类真正能飞的哺乳动物!

2. 蝙蝠在完全黑暗的环境中, 能借助自己独特的回声定位能力和无比柔软的皮膜, 有效地绕开树木及建筑物。

3. 蝙蝠还是高超的空中特技飞行员呢! 它能圆形转弯、急刹车及快速变换飞行速度等。

4. 蝙蝠能从杂乱无章、充满噪音的回声中检测出有效的声音信号, 有惊人的抗干扰能力。

我来考考你

 1. 蝙蝠属于鸟类吗？

 2. 为什么蝙蝠能在完全黑暗的环境中捕食？

 3. 蝙蝠有哪些飞行特技？

 4. 为什么说蝙蝠有惊人的抗干扰能力？

 5. 蝙蝠以什么为食？

 6. 极地有蝙蝠吗？

 大脑银行ATM机

用耳朵"看"世界

蝙蝠飞行时，收缩咽喉肌，从口鼻部发出一种超声波。这种超声波传播开去，碰到树木、建筑、小昆虫等，会及时得到反馈。反馈回来的超声波，可以被蝙蝠天线般的又大又灵敏的耳朵接收到。蝙蝠的大脑可以迅速地分析超声波信息，以判断前方的情况。

不怕冷的"四不像"——驯鹿

超级小档案

生活地区: 北极圈附近。　　主要食物: 枯草、嫩枝、谷类和蕨类。

家族: 鹿科。　　特点: 有一对大而美丽的长角,是最有力的攻击武器。

1. 驯鹿每年都会进行一次长达数百千米的大迁移。

跟紧队伍,不要掉队哦。

2. 驯鹿的脚大得像汤盘,这有助于它分解身体对积雪的压力,所以行走在雪地上并不会陷进去。

3. 小驯鹿的生长速度非常快,出生一个星期后,小驯鹿就能跑得飞快,速度可达每小时48千米。

4. 驯鹿的毛分内外两层。内层是又密又厚的绒毛,外层是又粗又长的针毛,是一件理想的"风雨衣"。加上它的皮下脂肪很厚,所以在-40℃的严寒中生活也没有问题。

我来考考你

1. 驯鹿不会陷在积雪里，你知道原因吗？

2. 驯鹿为什么不怕冷？

3. 一个星期大的驯鹿快跑的时速是多少？

4. 每年驯鹿最惊人的举动是什么？

5. 驯鹿最有力的攻击武器是身体的哪个部分？

6. 图中所有驯鹿角的分叉都是一样的吗？

大脑银行ATM机

林海之舟

　　驯鹿的角似鹿而非鹿，头似马而非马，蹄似牛而非牛，身似驴而非驴，因而俗称"四不像"。驯鹿善于穿越森林和沼泽地，是鄂温克人主要的生产和交通运输工具，日常生活中不可缺少的动物，被人们誉为"林海之舟"。

"沙漠之舟"——骆驼

1. 骆驼的眼睛像一架超强的望远镜。

2. 骆驼很少出汗，厚厚的皮毛能阻挡紫外线的照射，防止晒伤，所以也不会中暑。

3. 驼峰是用来储藏脂肪的。在没有食物的情况下，骆驼就可以从中提取营养，以保存体力。

让我一次喝个够哦！

4. 骆驼的胃里有很多瓶子状的小泡泡，骆驼喝水后，就把水分储存在这些小泡内，以备不时之需。

我来考考你

 1. 骆驼的胃里有什么？

 2. 骆驼的驼峰内储存着什么？

 3. 为什么骆驼在沙漠中行走不会中暑？

 4. 骆驼身上的哪个器官像望远镜？

 5. 图中有几头双峰骆驼？

 6. 骆驼喜欢吃什么食物？

 大脑银行ATM机

从北美洲迁到亚洲

1000万年前，骆驼的远祖生活在北美洲。后来，它们越过白令海峡，到达亚洲和非洲，并演化出双峰驼和人类驯养的单峰驼。现在，野骆驼分布在南美洲、亚洲和非洲，而在其原产地北美洲已经不见踪影了。

集体作战的非洲特产——斑马

超级小档案

生活地区: 非洲草原。　　**主要食物:** 草、树叶、灌木等。

家族: 马科。　　**特点:** 全身有黑白相间的条纹,是非洲特有的动物。

1. 斑马黑白相间的条纹在阳光或月光的照射下,和绿草混杂在一起,不容易暴露。

2. 条纹是斑马的身份证明,每匹斑马身上的条纹都不会重样,这样一来,大家互相都不会认错。

3. 小斑马出生时谁在附近,便认谁作妈妈。所以母斑马会形影不离地陪伴在自己的小斑马旁边。

跟着妈妈,别乱跑。

4. 从远处看斑马群,只能看到一大片灰色,所以即使想攻击其中的一匹,也分不清哪儿是头哪儿是尾。

我来考考你

 1. 欧洲、亚洲是斑马的分布地吗？

 2. 什么是斑马的身份证明？

 3. 所有的斑马都有一模一样的条纹吗？

 4. 斑马是群居性动物吗？

 5. 图中出现了几匹斑马宝宝？

 6. 斑马妈妈为什么会形影不离地陪着小斑马？

 大脑银行ATM机

团队意识强

　　斑马的集体主义精神很强，常常是几十匹、上百匹乃至几百匹合成大群生活在一起。斑马之间和平共处，遇到危险就团结一致，集体作战。它们会在老斑马的带领下，围成一圈，屁股朝外，把小斑马们围在圈里，用后蹄猛踢来犯者。

不患高血压的千里眼——长颈鹿

超级小档案

生活地区: 非洲。　　主要食物: 树叶。　　家族: 长颈鹿科。

特点: 世界上最高的陆地动物。

1. 长颈鹿依靠它的长脖子可以吃到高处新鲜的嫩树叶和树芽。

2. 长颈鹿是世界上最高的陆地动物,站得高,所以看得也远。

3. 长颈鹿的腿太长了,饮水的时候十分不方便,必须低下头,叉开前腿才能喝到水。

4. 长颈鹿的四肢可以全方位出击,如果成年狮子不幸被踢中,很可能会腿断腰折。

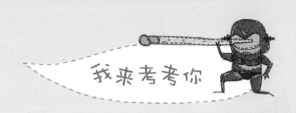

我来考考你

 1. 为什么长颈鹿能吃到高处的新鲜树叶？

 2. 长颈鹿如何才能喝到小河里的水？

3. 世界上最高的陆地动物是谁？

 4. 为什么狮子会害怕长颈鹿？

 5. 图中一共有几只长颈鹿？

 6. 长颈鹿的故乡在哪里？

 大脑银行ATM机

不患高血压的动物

　　长颈鹿每天俯身喝水时都很小心翼翼。虽然在抬头的一刹那脑袋还是有些胀，但它们对此已经驾轻就熟了。长颈鹿的血压是人的正常血压的3倍，但它们仍能安然无恙的原因是其血管周围的肌肉非常发达，能够压缩血管、控制血流量。此外，它们的颈部皮肤很厚，动脉在那里分化成很多的血管，以此来帮助控制血压。

聪明的长鼻子——大象

生活地区：亚洲和非洲。　　主要食物：野草、树叶、竹叶和野果。

家族：象科。　　特点：耳大如扇，四肢粗壮如圆柱。

我爱洗澡，身体好好！

1. 大象的长鼻子除了用来呼吸和闻气味以外，还可以搬运物品、吹口琴等。

2. 大象喜欢洗澡，因为洗澡可以清洁身体、调节体温，还能洗掉寄生虫。

3. 为了预防营养不良情况的发生，大象会定期地吞食富含矿物盐的岩石或泥土来补充盐分和养分。

4. 野象一般都是自然老死的，可是在密林中往往找不到它们的尸体，因为野象总会选择一个非常隐蔽的地方来结束它们的生命。

我来考考你

 1. 大象的鼻子有什么用途？

 2. 大象洗澡的好处是什么？

 3. 大象的耳朵像什么？

 4. 为什么大象会吃石头和泥土？

5. 为什么在密林中找不到野象的尸体？

 6. 大象吃肉吗？

 大脑银行ATM机

惊人的记忆力

　　大象是一种非常聪明的动物。它们能够在镜子里认出自己。据英国《每日邮报》报道，大象具有超强的记忆力，不仅能够记住十几年前发生的重大事件，会报复那些曾经伤害过它们的人，还能凭借以往的经验和记忆，帮助象群中的其他大象在遭受旱灾时存活下来。

爱大吼的瞌睡大王——狮子

超级小档案

生活地区： 亚非草原。　　**主要食物：** 蹄类动物。　　**家族：** 猫科。

特点： 雄狮有一头威风凛凛的狮鬃，雌狮没有狮鬃。

1. 狮子大吼的威力惊天动地，就算8000米以外也能听得到。

2. 鬃毛又密又浓又乱的雄狮，长相威武吓人，因此很少受到攻击。

我的地盘我做主！

3. 每天早晨，雄狮会围着自己的领地撒尿，以此向其他兽类宣布这是它的地盘。

4. 狮子是个瞌睡大王，每天要花大约八成的时间来睡觉。

我来考考你

 1. 雌狮和雄狮都有一头威风凛凛的鬃毛吗？

 2. 狮子的吼声能传至多远？

 3. 狮子每天需要花多长的时间来睡觉？

 4. 狮子属于猫科动物吗？

 5. 每天早晨，雄狮必须要做的事情是什么？

 6. 狮子生活在森林里还是草原上？

 大脑银行ATM机

爱吼叫的狮子

狮子爱吼叫，而且会经常性地吼叫，但这并不是表示愤怒，主要是为了警告它的臣民"这是它的领地"，以威慑其他狮子或食肉动物，使它们不敢贸然进入领地。此外，当新的狮王打败老狮王后，也会长时间大吼，甚至会连续吼上几夜，以宣告新的狮王诞生了。

海洋中的智者——海豚

超级小档案

生活地区: 海洋。　　主要食物: 鱼、虾、章鱼。
家族: 海豚科。　　特点: 大脑发达, 游泳健将。

演得棒极了!

1. 海豚可以终生不睡觉, 因为它的大脑是由完全隔开的两部分组成, 当其中一部分工作的时候, 另一部分可以充分休息。

2. 海豚擅长跳跃和潜泳, 是在水中行动最迅速的哺乳动物。

3. 海豚具有超强的声呐系统, 能在混浊的海水里很快找到距离很远的小物体。

4. 海豚会将海螺放在海底, 待小鱼们将海螺作为庇护所时, 海豚便叼起海螺, 从而收获一海螺的小鱼。

我来考考你

 1. 海豚生活在海里，那么海豚属于鱼类吗？

 2. 海豚擅长在水中跳跃吗？

 3. 海豚的特点是什么？

 4. 为什么海豚能找到远距离的小物体？

 5. 海豚会利用工具捕食小鱼吗？

 6. 海豚每天有固定的工作和睡觉时间吗？

 大脑银行ATM机

海豚与潜艇

　　海豚游泳的速度很快，平均时速可达70千米。科学家经过多年研究发现，海豚的皮肤是其快速游泳的主要原因之一。于是，科学家根据海豚的皮肤特点仿制人造海豚皮，将人造海豚皮包裹在潜艇表面，使得潜水艇在水中受到的阻力至少降低了一半，大大提高了潜艇的速度，也节约了燃料。

会变色的冰上客——海象

超级小档案

生活地区: 北极海域。　　主要食物: 鱼类、贝类。

家族: 海象科。　　特点: 潜水性能好; 血液含量高, 占体重的20%。

大家注意安全!

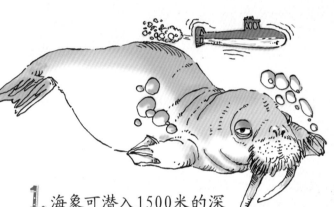

1. 海象可潜入1500米的深水层。这一惊人的潜水本领得益于其体内丰富的血液。

2. 大批海象睡觉的时候, 有专门的海象担任警卫员。一旦发现敌情, 它会大声唤醒伙伴或用长牙撞醒身边的同胞, 并依次传递信息。

3. 海象的皮肤还会变色: 在陆地上, 海象的皮肤呈棕红色; 在水中, 它的皮肤就呈灰白色。

4. 雌海象的体重只有雄海象体重的一半。

我来考考你

 1. 海象可以潜入多少米深的深水层？

 2. 海象的血液占自身体重的比例是多少？

 3. 为什么大批海象睡觉时也能发现敌情？

 4. 海象的皮肤会变色吗？

 5. 海象主要生活在哪里？

 6. 雌海象与雄海象相比，哪个个头较大？

 大脑银行ATM机

贪睡的海象

　　海象喜欢群居，数千头海象簇拥在一起，甚为壮观。每到夏季，它们便成群结队地游到海岸边，或者爬到大块冰山上晒晒太阳。海象的视力很差，两眼眯得像缺乏活力的老人。它们十分贪睡，一生中大部分时间是躺在冰上度过的。

海洋中的巨无霸——蓝鲸

超级小档案

生活地区: 海洋。　　**主要食物:** 磷虾。

家族: 须鲸科。　　**特点:** 世界上最大的哺乳动物。

1. 一头成年蓝鲸能长到非洲象体重的30倍左右,就连它的心脏都与小汽车一般大。

2. 蓝鲸主要是以磷虾为食的。它的胃口极大,一次可以吞食约200万只磷虾。

30多米

3. 鲸的拉丁学名是由希腊语中的"海怪"一词衍生而来的,其中最大的蓝鲸的体长可达30多米。

4. 在海上航行时,如果你有幸看到蔚为壮观的海上喷泉,那是蓝鲸在呼气。

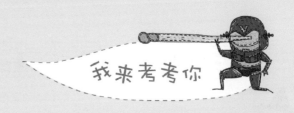

 1. 最大的蓝鲸的体长可达多少米？

 2. 蓝鲸最主要的食物是什么？

 3. 蓝鲸为什么喜欢在海上玩喷泉游戏？

 4. 蓝鲸的体重能长到非洲象体重的多少倍？

 5. 蓝鲸心脏的大小可以用什么比拟？

 6. 世界上最大的哺乳动物是什么？

 大脑银行ATM机

海洋中的巨无霸

鲸能够长得如此之大，是由于它的胃口极大且水的浮力可以承受它巨大的体重。而在陆地上，这么大的动物是无法生存的，因为能量需要运转，所需的食物也太多了。真正使它们生存下来的原因是鲸脂。它不仅能够起到绝缘外套和救生衣的作用，而且可以储存能量，从而在食物短缺时提供快捷的营养补给。

森林中的大王——老虎

生活地区: 亚洲。	主要食物: 鹿、猴、野猪等。
家族: 猫科。	特点: 具有尖牙和利爪。

我哪里都能睡!

1. 捕猎时, 老虎的原则是以最小的能量消耗来获取尽可能大的收获。

2. 老虎的平衡能力非常好, 能趴在树杈上稳稳当当地睡大觉。

3. 当老虎攻击猎物扑空时, 会抡起尾巴向猎物横扫过去, 一下就能把猎物击倒在地。

4. 老虎很喜欢洗澡, 因为捕猎后身体会发热, 所以它们会用水来降温。

我来考考你

 1. 老虎以什么原则来捕猎？

 2. 为什么老虎能在树杈上睡觉？

 3. 老虎主要生活在哪里？

 4. 除了尖牙和利爪，老虎还有什么武器？

 5. 为什么老虎喜欢洗澡？

 6. 老虎主要以哪些动物为食？

 大脑银行ATM机

老虎的超级感官

老虎的耳朵可以前后左右随意转动，再细小的声音也逃不过它们的耳朵；老虎的嗅觉十分惊人，能在很远的地方嗅到猎物散发的气味；老虎的视力也格外出众，在黑夜里，老虎的视力比人类敏锐得多；老虎的脸颊四周环绕着一圈威风凛凛的虎须，灵敏的触觉帮助它们感知四周的环境信息。

足智多谋的狩猎者——狐狸

超级小档案

生活地区: 森林、草原和半沙漠地带。　　**主要食物:** 昆虫、小动物和野果。

家族: 犬科。　　**特点:** 尖嘴大耳,长身短腿,有一条大尾巴。

1. 狐狸是农民的好朋友,因为它捕食野兔和老鼠,防止它们破坏庄稼。

2. 如果树上有一只鸡,狐狸会不停地在树下转圈,直到树上的鸡晕头转向、一头栽下来为止。

这里不安全,赶快搬家!

3. 狐狸的警惕性相当高,如果谁发现了它的窝,它就会在当天晚上"搬家",以防不测。

4. 狐狸很少袭击家禽,但是如果一只狐狸跳进鸡舍后,会把所有的鸡全部咬死,最后仅叼走一只。这种行为叫作"杀过"。

我来考考你

 1. 为什么说狐狸能保护庄稼？

 2. 狐狸不会爬树，为什么能吃到树上的鸡？

 3. 狐狸咬死全部鸡后仅叼走一只的行为叫什么？

 4. 如果狐狸的窝被发现，它会采取什么措施？

 5. 狐狸的尾巴大吗？

 6. 狐狸属于犬科动物还是猫科动物？

 大脑银行ATM机

独特的御敌方法

　　人们在捕猎时，常会设置陷阱。狐狸看到后，会跟踪猎人。它每到一个陷阱处，就会从尾巴基部的小孔，即肛腺中散发出狐臭来，以留下自己的痕迹，这样也可以让同伴知道陷阱的所在地。假如狐狸不慎被猎人逮住，它还会躺下装死，一有机会马上溜之大吉。

先进的早教思想家——狼

超级小档案

生活地区: 分布很广, 几乎各大洲都有。　　主要食物: 鹿类、羚羊、兔等。

家族: 犬科。　　特点: 外形与狼狗相似, 吻略尖长, 口稍宽阔。

2. 正因为狼具有锲而不舍的精神, 所以它们成为地球上生命力最顽强的动物之一。

1. 狼尊重每个对手, 在每次攻击前都会去了解对手, 而不会轻视它, 所以狼的一生很少攻击失误。

3. 当小狼有独立生存的能力时, 父母会坚决地离开它。

4. 狼是群居性极高的物种。在动物界中, 狼是最有秩序和纪律的动物之一。

我来考考你

 1. 狼与狗有亲缘关系吗？

 2. 为什么狼的一生很少攻击失误？

3. 为什么狼是生命力最顽强的动物之一？

 4. 狼是群居的还是独居的？

5. 小狼独立后，还会跟在父母身边吗？

 6. 上页图中共有几匹狼？

 大脑银行ATM机

群体生活的代表

一群狼通常有5～12匹，在寒冷的冬季，也会多达40多匹。狼群最大的特点是它们有极为严格的等级制度，通常由最具权威或最强壮的狼为首领。狼群的活动范围通常是固定的，不同狼群之间的领地互不重叠，它们通常以气味、狼嚎或直接攻击来划分和保卫领地。

动物界的"飞人"——猎豹

1. 全速奔驰的猎豹, 时速可以超过110千米, 相当于人类百米世界冠军的3倍多。

2. 猎豹飞速奔驰的过程只能维持4~5分钟, 否则会因体温过高而衰竭死亡。

3. 猎豹的生活很有规律, 日出而作, 日落而息。

4. 猎豹妈妈在捕猎时, 会将猎物的腿咬断, 目的是将活的猎物带回家, 让小猎豹学习捕猎的本领。

好好学习捕猎技巧!

我来考考你

1. 陆地上跑得最快的动物是什么？

2. 猎豹全身长着黑色条纹还是黑色斑点？

3. 猎豹飞速奔驰，可以维持多久？

4. "猎豹只在晚上出来活动"的说法对吗？

5. 母猎豹为什么不把猎物咬死后带回家呢？

6. 全速奔跑的猎豹，时速可以超过多少千米？

大脑银行ATM机

猎豹跑得飞快的原因

猎豹跑得这么快，与它的身体结构有关。首先，猎豹的腿很长，身体很瘦；其次，猎豹的脊椎骨十分柔软，容易弯曲；再次，猎豹跑起来的时候，它的前肢和后肢都在用力，而且身体也在奔跑的过程中一起一伏。另外，猎豹有条大尾巴，能起到良好的平衡作用，使它们在急转弯及止步时不会摔倒。

森林中的"人"——猩猩

超级小档案

生活地区: 热带雨林地区。 主要食物: 水果、树叶和昆虫。

家族: 灵长目。 特点: 在陆地上能直立行走,上肢很长。

我长得和人很像!

2. 猩猩喜欢待在树上,依靠灵活的手和脚,可以自由随意地从一棵树跳到另一棵树上。

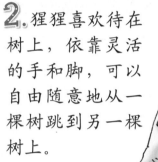

1. 猩猩这个名称的原意是"森林中的人"。

3. 猩猩是森林的园丁,因为它们吃下的植物果实,其种子会随着它们的排泄物散布到泥土里,在森林里生根发芽。

走开,这保护区是我的地盘!

4. 随着伐木活动的开展,猩猩也在慢慢地消失。因此,保护猩猩的有效途径是建立自然保护区和国家公园。

我来考考你

 1. 猩猩属于哪个家族？

 2. 猩猩名字的原意是什么？

 3. 猩猩主要生活在哪个地区？

 4. 猩猩能在陆地上行走吗？

 5. 保护猩猩的有效途径是什么？

 6. 为什么说猩猩是森林的园丁呢？

 大脑银行ATM机

猩猩母子长相不同

　　母猩猩的体长为1～1.5米，体重约为65千克，体毛长而稀少，毛发为红色，较粗糙；小猩猩的毛发为亮橙色。母猩猩的面部赤裸，为黑色；而小猩猩的眼部周围和口鼻部为粉红色。

色子制作

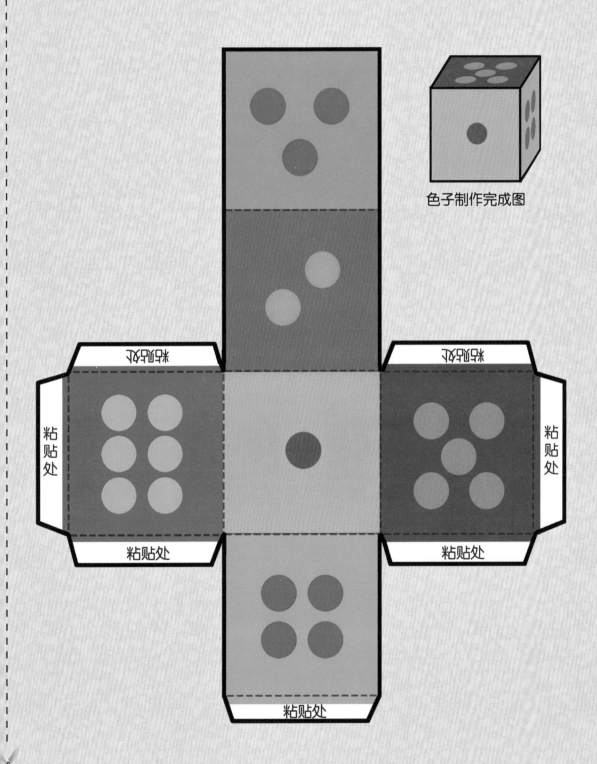

色子制作完成图

图书在版编目（CIP）数据

北极有企鹅吗 / 米家文化编绘. -- 杭州：浙江教育出版社，2021.1
（大脑银行·科学素养）
ISBN 978-7-5722-1222-2

Ⅰ. ①北… Ⅱ. ①米… Ⅲ. ①企鹅目—少儿读物
Ⅳ. ①Q959.7-49

中国版本图书馆CIP数据核字（2020）第269522号

大脑银行·科学素养
北极有企鹅吗
BEIJI YOU QI'E MA
米家文化　编绘

责任编辑　童炜炜
文字编辑　任　哲
美术编辑　曾国兴
装帧设计　米家文化
责任校对　雷　坚
责任校对　刘　建
出版发行　浙江教育出版社
　　　　　（杭州市天目山路40号　电话：0571-85170300-80928）
印刷装订　浙江新华印刷技术有限公司
开　本　787mmx1092mm　1/16　印张　6　字数　120 000
版　次　2021年1月第1版　印次　2021年1月第1次印刷
标准书号　ISBN 978-7-5722-1222-2
定　价　39.80元